BEI GRIN MACHT SICH IHR WISSEN BEZAHLT

- Wir veröffentlichen Ihre Hausarbeit, Bachelor- und Masterarbeit

- Ihr eigenes eBook und Buch - weltweit in allen wichtigen Shops

- Verdienen Sie an jedem Verkauf

Jetzt bei www.GRIN.com hochladen und kostenlos publizieren

Bibliografische Information der Deutschen Nationalbibliothek:

Die Deutsche Bibliothek verzeichnet diese Publikation in der Deutschen National-
bibliografie; detaillierte bibliografische Daten sind im Internet über http://dnb.d-
nb.de/ abrufbar.

Impressum:

Copyright © 2017 GRIN Verlag
Druck und Bindung: Books on Demand GmbH, Norderstedt Germany
ISBN: 9783668744851

Dieses Buch bei GRIN:

https://www.grin.com/document/432474

Sven Harder

Aus der Reihe: e-fellows.net stipendiaten-wissen

e-fellows.net (Hrsg.)

Band 2781

Large Hadron Collider (LHC). Teilchenforschung für eine bessere Zunkunft?

GRIN Verlag

Gymnasium Osterholz-Scharmbeck

SEMINARFACHABEIT

Chemie im Alltag

LHC - Forschung für eine bessere Zukunft

Sven Harder

11.08.2017 – 22.09.2017

Inhaltsverzeichnis

1. Einleitung

Seit der Entstehung des Menschen versucht der Mensch sich selbst und das von ihm bewohnte Universum zu verstehen. Früh begann die Erforschung der Sterne und dazu der Mathematik als sprachliche Beschreibung, um Zusammenhänge darzustellen, die durch keine andere Schrift verständlich gemacht werden können. Aber erst im 19.Jahrhundert begannen Physiker und Chemiker die Materie der Atome zu erkennen.

Während die Forschung einst von einzelnen Wissenschaftlern in Laboren oder auch einfach in ihren Köpfen durchgeführt wurde, befinden sich heute überall auf der Welt zahlreiche Forschungsanlagen, die sich mit abstrakten Themen wie dem Aufbau der Materie, dem Urknall und dem Universum als ganzes beschäftigen.

Die bekannteste dieser Forschungsanlagen ist der LHC (Large Hadron Collider) ein Teilchenbeschleuniger der Europäischen Organisation für Kernforschung (CERN) in der Schweiz, der Schlagzeilen wie „Schwarze Löcher in Genf - Angst vor Weltuntergang"[1], „Higgs-Boson - Physiker feiern Durchbruch bei der Gottesteilchen-Suche"[2], „TEURE „GOTTESTEILCHEN"-SUCHE - 16 Mio. Euro allein für Strom!"[3] machte.

Was es mit dem LHC auf sich hat und wofür die Forschung an Teilchenbeschleunigern wie diesem gut ist, wollen wir in dieser Facharbeit klären. Hierfür wollen wir zunächst klären, was der LHC ist und wie die Entstehung einer solchen Anlage zustande kam. Im Folgenden wird anhand zweier Beispiele in Form des Higgs-Bosons und der Antimaterie die Forschung am LHC erläutert und deren Nutzen für die Menschheit und die folgende Kritik der Gesellschaft diskutiert.

Im Anschluss wird unter Einbeziehung der Bedeutung der Forschungsergebnisse, der Meinung von Wissenschaftlern und Stimmen aus der Gesellschaft eine Abschätzung erstellt, inwiefern sich die Forschung im LHC als lohnenswert für die Zukunft erweist.

---

[1] Von Felix Knoke aus http://www.spiegel.de/wissenschaft/mensch/schwarze-loecher-in-genf-angst-vor-weltuntergang-amerikaner-klagt-gegen-teilchenbeschleuniger-a-544088.html (Stand: 7.9.2017)
[2] Von Spiegel aus http://www.spiegel.de/wissenschaft/technik/higgs-boson-cern-gibt-entdeckung-von-teilchen-am-lhc-bekannt-a-842478.html (Stand: 7.9.2017)
[3] Von Bild aus http://www.bild.de/news/ausland/cern/teure-suche-gottesteilchen-25049932.bild.html (Stand: 7.9.2017)

Natürlich ist es uns nicht möglich alle Forschungsgebiete des LHC bei dieser Ausführung abzudecken und die zukünftige Forschung am LHC vorherzusehen. Wir sind jedoch zuversichtlich durch die folgenden Ausführungen ein besseres Bild über die Forschung am Teilchenbeschleuniger zu vermitteln, damit Sie sich selbst eine Meinung zu den Milliardenausgaben in Forschung und Entwicklung bilden können.

2. Physikalische Grundlagen

2.1 Masse in der Physik

Albert Einstein gab in seiner speziellen Relativitätstheorie (SRT) erstmals die wohl bekannteste Formel in der Physik an: $E = m \cdot c^2$
Die Energie E ist das Produkt aus der Masse m und dem Quadrat der Lichtgeschwindigkeit c. Also besitzt ein bewegtes Objekt, da es eine höhere kinetische Energie hat, eine höhere Masse als ein ruhendes. Die Ruhemasse beschreibt die Masse eines Objektes, dem keine Energie von Außen hinzu geführt wird. Energie kann man in der Einheit eV (Elektronenvolt) angeben:
„1 eV Elektronenvolt ist die Energie, die ein Elektron beim Durchlaufen (…) von 1 Volt im Vakuum gewinnt."[4]

$$1\,V \cdot 1\,e = 1\,eV = 1\,V * 1{,}6022 \cdot 10^{-19}\,C = 1{,}6022 \cdot 10^{-19}\,J$$

Joule ist die SI-Einheit für Energie. Setzt man Elektronenvolt nun in die Gleichung der SRT ein, erhält man:

$$m = \frac{E}{c^2} = \frac{eV}{c^2}$$

Somit lässt sich der Quotient aus Elektronenvolt und dem Quadrat der Lichtgeschwindigkeit als Einheit für die Masse verwenden, wobei in der submikroskopischen Physik meist die Lichtgeschwindigkeit aus Bequemlichkeit weggelassen wird. In der Teilchenphysik wird die Einheit gerne verwendet, da so keine sehr kleinen Zahlen entstehen. Beispielsweise entspricht ein Elektronenvolt $1{,}78 * 10^{-36}$ kg. Meistens wird zur Übersichtlichkeit vor dem eV noch ein Buchstabe wie k für Tausend, M für Millionen oder G für Milliarden, verwendet.

---

[4] Meyers Lexikonredaktion & Klaus Bethge, 1995

In Teilchenbeschleunigern können Teilchen nicht auf Lichtgeschwindigkeit beschleunigt werden, was die Formel für die Geschwindigkeit v in der SRT aufzeigt:

$$v = c \cdot \sqrt{1 - \frac{1}{\left(1 + \frac{E}{m \cdot c^2}\right)^2}}$$

$$v = \lim_{E \to \infty} c \cdot \sqrt{1 - \frac{1}{\left(1 + \frac{E}{m \cdot c^2}\right)^2}} = c \quad \text{oder} \quad v = \lim_{m \to 0} c \cdot \sqrt{1 - \frac{1}{\left(1 + \frac{E}{m \cdot c^2}\right)^2}} = c$$

Somit muss die Energie entweder unendlich oder das Objekt masselos sein, um Lichtgeschwindigkeit erreichen zu können. Die Energie, die das Teilchen nicht weiter beschleunigt, fügt ihm jedoch laut der SRT Masse hinzu.

2.2. Standardmodell

2.2.1. Elementarteilchen

Man ging eine lange Zeit davon aus, dass die Materie nur aus Protonen, Neutronen und Elektronen bestehe. Da dieses Modell die Prozesse im Atomkern nicht erklären konnte, begannen Wissenschaftler nach Teilchen zu forschen, aus denen die Protonen und Neutronen (sogenannte Hadronen) zusammengesetzt sind. Nach einem Jahrhundert Forschung sind uns zwei Klassen sogenannter Elementarteilchen bekannt. Diese Teilchen sind nicht aus kleineren Teilchen zusammengesetzt und werden durch die Kriterien Masse, Spin („ein ihnen innewohnender Drehimpuls"[5]) und Ladung charakterisiert. Die Materie besteht aus den Fermionen, während die Bosonen die Grundkräfte der Physik vermitteln: die elektromagnetische Kraft, die Gravitation, die schwache Kernkraft und die starke Kernkraft.

---

[5] Alexander Knochel 2015 S.25

Name	Masse	Spin/$\hbar$	Elektr. Ladung	Sonstige Bemerkungen
Gluon (G)	0(theor.)	1	0	Eigentlich 8 verschiedene „Farb"-Zustände mit jeweils zwei möglichen Polarisationen
Z	91 GeV	1	0	Drei mögliche Polarisationen
W	80.4 GeV	1	± 1	Drei mögliche Polarisationen
Photon (γ)	0 (theor.)	1	0	Zwei mögliche Polarisationen
Higgs (H)	125…126 GeV	0	0	Ohne Spin, also keine Polarisation

Tabelle 1: Die Bosonen des Standardmodells mit ihrer Feynman-Diagramm-Nomenklatur in Klammern. Mit Masse ist hier die Ruhemasse gemeint. (Alexander Knochel 2015, S.27)

Zu den Bosonen gehören das Photon (γ), das Gluon (G oder g), das Higgs-Boson (H oder H^0) und W- sowie Z-Bosonen ($W^{+/-}$; Z). Das Photon vermittelt die elektromagnetische Kraft beispielsweise in Form von Licht, während die Gluonen, von denen es acht Zustände gibt, die starke Kernkraft vermitteln, die verhindert, dass sich die Protonen im Kern aufgrund ihrer positiven Ladungen voneinander abstoßen. Für den β-Zerfall in Atomkernen, bei dem ein Neutron in ein Proton ungewandelt wird, wobei Elektronen abgestrahlt werden, sind die W^--, W^+ und Z-Bosonen verantwortlich, die die schwache Kernkraft vermitteln. Zudem sind die Austauschteilchen der schwachen Kernkraft die einzigen Bosonen mit Ruhemasse. Austauschteilchen der Gravitation sind unbekannt und ein Ziel ist es, dieses Teilchen zu entdecken, da bis jetzt ungeklärt ist, warum auf Atomebene die Gravitation im Vergleich zu den anderen Kräften keinen starken Einfluss hat.

Typ \ Gen.		I	II	III	Elektr. Ladung
Up-Quarks G,Z,γ,H		Up (u) ≈ 3 MeV	Charm (c) 1.3 GeV	Top (t) ≈ 173 GeV	$2/3$
Down-Quarks G,Z,γ,H	$W^{\pm}$	Down (d) ≈ 5 MeV	Strange (s) 95 MeV	Bottom (b) 4,2 GeV	$-1/3$
Neutrinos $Z, (H?)$		E.-Neutrino $m = ?$	M.-Neutrino $m = ?$	T.-Neutrino $m = ?$	0
Leptonen Z,γ,H	$W^{\pm}$	Elektron (e) 511 keV	Myon (μ) 106 MeV	Tauon (τ) 1,8 GeV	-1

Tabelle 2: Die Fermionen des Standardmodells, die Teilchen, mit denen sie wechselwirken, sowie ihre Massen. (Feynman-Diagramm-Nomenklatur in Klammern) (Alexander Knochel 2015, S.27)

Die Materie selbst besteht nur aus der ersten Generation an Fermionen, da die Teilchen der zweiten und dritten Generation aufgrund ihrer hohen Massen fast augenblicklich zerfallen. Die Quarks sind hierbei die Bestandteile der Hadronen, wobei sich in Protonen zwei up- und ein down-quark befinden, während sich im Neutron zwei down- und ein up-quark befinden. Deshalb kann man sich einen β-Zerfall auch als Umwandlung eines down- in ein up-quark vorstellen, wofür ein W-Boson zuständig ist. Neutrinos sind fast masselose Teilchen, die Materie durchqueren können und die bei beispielsweise beim β-Zerfall freiwerden. Die Leptonen sind dem Elektron fast vollständig identisch, unterscheiden sich von diesen jedoch in der Masse.

Zudem sagt das Standardmodell die Existenz sogenannter Antiteilchen zu jedem Fermion voraus, während man die Bosonen abgesehen vom W-Boson als Antiteilchen zu sich selbst angesehen werden. W$^-$- und W$^+$-Boson verhalten sich zum Beispiel wie Antiteilchen, wie noch später geklärt wird.

2.2.2. Feynman-Diagramme

Die Diagramme, die nach ihrem Entwickler und dem Begründer der Quantenelektrodynamik Richard Feynman benannt wurden, stellen Entstehungs- und Zerfallsprozesse von Teilchen anschaulich dar. Die Diagramme, die in dieser Facharbeit verwendet werden, sind von links nach rechts zu lesen und obwohl die Winkel der Linien sowie ihre Form keine Rolle spielen, werden meist Bosonen wellenförmig und Fermionen gerade dargestellt. Zudem zeigt die Pfeilspitze von Antiteilchen in die entgegengesetzte Richtung ihrer Materiepartner und somit Richtung Edukt. Zudem werden Antimaterie-Teilchen mit einem Strich über dem Symbol ihres Partnerteilchens gekennzeichnet wie beim anti-up-quark „ū" statt „u".[6]

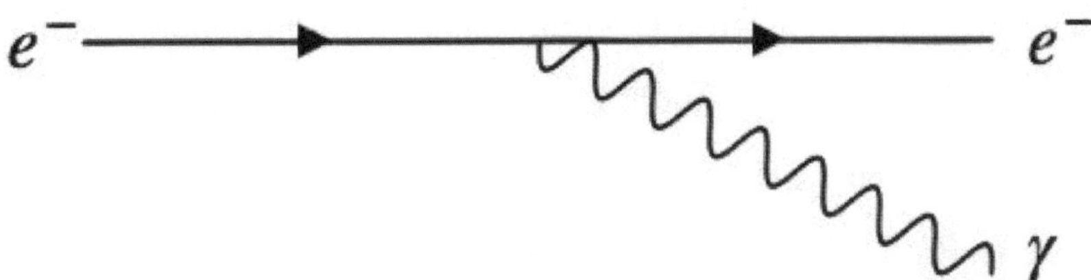

Abbildung 1: Emission eines Photons (γ) durch ein Elektron
(http://www.quantumdiaries.org/tag/feynman-diagrams/ (Stand:5.9.2017))

[6] Zur näheren Beschriftung siehe Tab. 1 und Tab. 2 in 2.2.1

3. Der LHC am CERN

3.1. Allgemeines und Geschichte

Das CERN (Abkürzung für *Conseil Européen pour la Recherche Nucléaire*) kann auf eine lange Geschichte der Entstehung zurück blicken. Alles begann im Dezember 1951 auf einer UNESCO Versammlung in Paris, wo die beiden Nobelpreisträger Louis de Broglie und Isidor Rabi das Forschungsinstitut vorschlugen. Ihr Leitgedanke war „Wissenschaft für den Frieden"[7], da die unmittelbaren Folgen des zweiten Weltkrieges noch in ganz Europa zu spüren waren.

Bis 1954 traten dem CERN-Rat zwölf europäische Länder, darunter (West-)Deutschland, die Schweiz, Frankreich und das vereinigte Königreich, als Gründungsstaaten bei und Genf in der Schweiz wurde als Standort festgelegt. Als europaweite, heutzutage sogar weltweite, Einrichtung konnten so die Kosten der einzelnen Staaten reduziert werden. Aktuell befinden sich im Rat des CERN 22 Mitgliedsländer und mit Israel auch das erste Nichteuropäische. Das CERN hat sich mittlerweile so weit entwickelt, dass mit sich 11.000 Gastwissenschaftlern aus aller Welt, die am CERN ein und ausgehen, ein großer Multikulturalismus entwickelt hat. Somit sei manchmal die Kommunikation auf allen möglichen Wegen gefordert, wenn über Physik, Teilchendetektoren oder -Beschleuniger diskutiert wird.

Der erste am CERN überhaupt errichtete Teilchenbeschleuniger war der Synchrozyklotron, welcher 1957 mit einer maximalen Energie von 600 MeV in Betrieb ging. Dieser wurde allerdings 1990 abgeschaltet, da es neue, größere und leistungsstärkere Beschleuniger am CERN gab. So zum Beispiel der 1959 erstmals betriebene Proton-Synchrotron (PS) mit einer ursprünglichen maximalen Energie von 28 GeV, welcher auch heute noch als dritter von vier Vorbeschleunigern des großen LHC dient. Auch sein größerer Bruder aus dem Jahre 1976, der Super-Proton-Synchrotron (SPS) mit einer Energie von 450 GeV und einem Umfang von sieben km, ist ebenfalls, als letzter der vier Vorbeschleuniger, noch in Betrieb, dient aber auch der Beschleunigung von Protonen für andere Versuchsreihen als die des LHC. Er war damals ein großer

---

[7] Michael Hauschild, 2016 S.1

Fortschritt, da er die anderen existierenden Beschleuniger als Vorbeschleuniger nutzte, somit Energiekosten einsparen konnte, und als erster Beschleuniger unterirdisch verbaut wurde, was ihn auch noch platzsparend machte.

Auf den LHC gehen wir zu einem späteren Punkt nochmals detaillierter ein. Mittlerweile umfasst das CERN-Gelände eine Größe von sechs km² und erstreckt sich über schweizer und französisches Staatsgebiet. Außerdem stehen der Einrichtung jährlich 1,15 Mrd. € an Forschungsgeldern zur Verfügung. Mit diesen Geldern sollen vor allem das Higgs-Boson gefunden und untersucht, verschiedene Eigenschaften und Strukturen der Quarks untersucht und die Ursache für das Ungleichgewicht von Materie und Antimaterie im Universum herausgefunden werden. Eines der großen Ziele des CERN bleibt es nach wie vor, ein Teilchen auf Lichtgeschwindigkeit beschleunigen können, um beim Aufprall den Urknall nachzustellen und somit endlich verstehen zu können, was bei der Entstehung des Universums ablief. Mit der aktuellen Beschleunigungsenergie des LHC mit 6,5 TeV werden die Teilchen bereits auf 99,999999% der Lichtgeschwindigkeit beschleunigt[8], doch aufgrund der relativistischen Massenzunahme kann die Lichtgeschwindigkeit noch nicht erreicht werden.

3.2. Organisation

Die oberste Entscheidungsebene des CERN ist der Rat bzw. Council, welches aus Vertretern der 22 Mitgliedsstaaten zusammengesetzt ist. Dabei stellt jedes Land einen Repräsentanten der Investoren und einen der nationalen wissenschaftlichen Interessen. Der CERN-Rat entscheidet über alle wissenschaftlichen, finanziellen und administrativen Angelegenheiten, wobei jedes Land eine Stimme zur Verfügung hat. Neben dem Rat gibt es zwei weitere Komitees, jeweils eines für Wissenschaft und Finanzen, die dem Rat zur Seite stehen. Der Generaldirektor, welcher ebenfalls vom Rat gewählt wird, hat weitere unterstützende Direktoren und leitet das Netz der Abteilungen der Forschungseinrichtung. Am CERN gibt es vier große Experimente, für die jeweils ein Detektor zuständig ist. Am ATLAS wird nach dem Higgs-Boson geforscht und nach möglichen Substrukturen der bisher kleinst bekannten Materiebausteinen Leptonen und Quarks gesucht. Nach dem Higgs-Boson wird auch am CMS gesucht, jedoch mit einer anderen

---

[8] Zahlen aus Michael Hauschild, 2016 S.39

Methode. So können die Ergebnisse der jeweils anderen Einrichtung immer überprüft werden. Darüber hinaus wird nach supersymetrischen Teilchen und Beweisen für die Stringtheorie durch Mini-Schwarze Löcher gesucht. Das LHCb sucht im Gegensatz zu ATLAS und CMS nach indirekten Produkten der Kollisionen, wie B-Quarks. Am LHCb soll der Grund für das Materie-Antimaterie-Gleichgewicht so herausgefunden werden. Am ALICE wird das Quark-Gluon-Plasma untersucht, welches bei einer äußerst energiereichen Kollision entstehen kann. „Man geht davon aus, dass sich das frühe Universum, kurz nach dem Urknall, in einem ähnlichem Zustand befunden haben muss."[9]

3.3. Abläufe im LHC

3.3.1. Teilchenbeschleuniger und Detektoren

Zunächst klären wir aber, wie genau Teilchenbeschleuniger und die Detektoren funktionieren. Grundsätzlich ist der einfachste Teilchenbeschleuniger eine Braun'sche Röhre mit einer positiv geladenen Kathode und einer negativ geladenen Anode. Hier werden die jeweiligen Teilchen von der Platte mit gleicher Ladung abgestoßen und von der Platte mit entgegengesetzter Ladung angezogen und somit insgesamt beschleunigt. Für eine Beschleunigung von Teilchen muss also immer ein elektrisches Feld vorhanden sein, da nur diese den Teilchen eine hohe Energie zuführen können. Magnetfeldern hingegen können Teilchen aufgrund ihrer Ladung (insofern sie nicht elektrisch neutral sind) lediglich auf ihrer Flugbahn ab- und umlenken. In Teilchenbeschleuniger herrscht ein hohes Vakuum, um so Kollisionen der Teilchen mit Molekülen aus der Luft zu vermeiden. Jetzt differenziert man noch zwischen Linear- und Kreisbeschleuniger.

---

[9] Zitiert aus: http://www.lhc-facts.ch/index.php?page=alice (Stand: 10.09.2017, 20:55)

Abbildung 2: „Die Driftröhren des LINAC 2" http://www.lhc-facts.ch/index.php? page=linac

Der Prototyp des Linearbeschleunigers wurde 1928 von Rolf Wideröe gebaut. Bei einem Linearbeschleuniger sind mehrere Metallröhren mit Zwischenräumen hintereinander eingebaut, welche von einem elektrischen Feld, erzeugt durch Wechselspannung, umgeben sind. Die Teilchen werden jedoch immer nur bei einer Polung des elektrischen Feldes beschleunigt, bei der anderen gebremst. Immer wenn die Teilchen beschleunigt werden, befinden sie sich in den Zwischenräumen und, wenn das Feld umgepolt wird, in den Röhren. So werden die Teilchen nicht entschleunigt, da die Metallröhren das Feld abhalten und die Teilchen so ungehindert durch die Röhren driften können. Deshalb werden sie auch Driftröhren genannt. Da die Teilchen sehr schnell werden, muss die Wechselspannung mit einer entsprechend hohen Frequenz umgepolt werden. Der Linearbeschleuniger LINAC 2 (siehe Abb. 2) dient dem LHC als erster Vorbeschleuniger.

Abbildung 3: Der Super Proton Synchrotron https://home.cern/about/accelerators/super-proton-synchrotron

Der Kreisbeschleuniger wurde 1930 von Ernest Lawrence entwickelt nach dem Vorbild des Linearbeschleunigers. Man wollte versuchen noch höhere Energien in den Beschleunigern zu erreichen, doch Linearbeschleuniger werden immer länger, je höher die Energie sein soll. Ein Beschleuniger in Kreisform bot sich an, da hier die Teilchen die Beschleunigungsstrecke immer wieder durchlaufen können, ein Kreis- im Vergleich zum Linearbeschleuniger kein Ende hat. Der moderne Kreisbeschleuniger ist ein ringförmiges Rohr, indem sich ein Vakuum befindet. Um die Teilchen auf der Kreisbahn zu halten wirken abwechselnd immer ein Dipolmagnet, der die Richtung der Teilchen bestimmt, und ein Fokussiermagnet, welcher die Teilchen bündelt. So wird eine Kollision mit der Außenwand verhindert. Da die Energie der Teilchen von Umlauf zu Umlauf immer größer wird, muss parallel auch das Magnetfeld verstärkt werden. Ein Beispiel für einen Kreisbeschleuniger ist der SPS (siehe Abb.3).

Ein weiterer wichtiger Bestandteil sind die Detektoren, die die Kollisionen der Teilchen aufzeichnen. Grundsätzlich kann man Detektoren in drei Schichten einteilen (siehe dazu Abb.4). Der innerste Detektor ist der Spurdetektor, in welchem durch ein von einem Solenoidmagneten erzeugtes Magnetfeld die Teilchenspuren der kollidierten Bestandteile abhängig von Ladung und Impuls krümmt. Diese Krümmung kann gemessen und später der Impuls der Teilchen rekonstruiert werden.Hier werden die kurzlebigen Teilchen wie schwere Quarks und Mesonen, welche nach kurzem Weg in leichtere Teilchen zerfallen, nachgewiesen. Die zweite Schicht besteht aus einem elektromagnetischen und einem hadronischen Kalorimeter. Das Magnetfeld des elektromagnetischen Kalorimeters lenkt die Teilchen ab, die Ablenkung sagt etwas über Ladung und Art der Teilchen aus. So wird die Energie von Elektronen und Photonen gemessen. Das hadronische Kalorimeter misst die Energie der Hadronen, da diese vom Elektronmagnetischen kaum erfasst werden. Die letzte Schicht bildet das Myonenspektrometer, welches ebenfalls aus der Krümmung der Teilchenspuren deren Impuls messen kann, nur eben für Myonen. Diese wurden vorher nicht vom Magnetfeld erfasst, da sie elektrisch neutral sind. Der Aufbau des ATLAS-Detektors, wie er am LHC verwendet wird, ist in der folgenden Abbildung dargestellt.

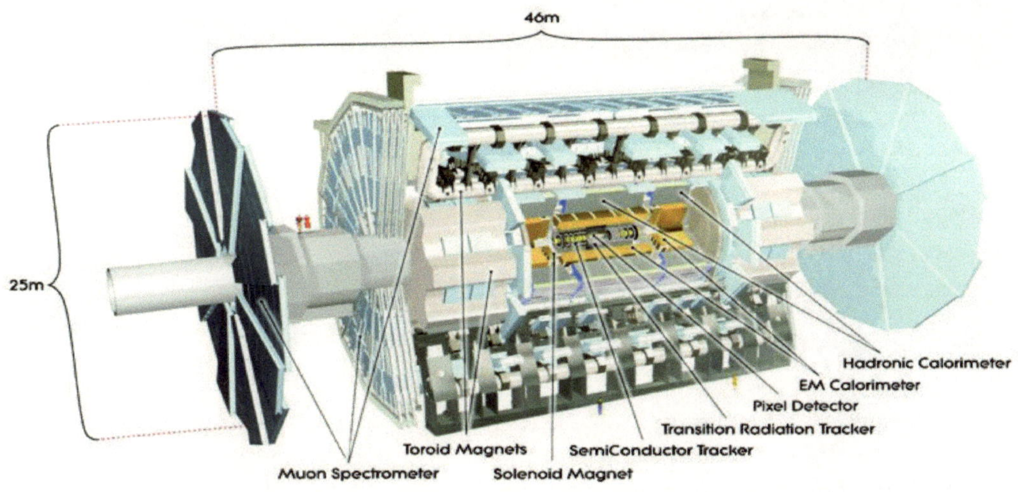

Abbildung 4: Der ATLAS-Detektor
https://www.mpg.de/1331275/ATLAS_Experiment

3.3.2.Aufbau LHC und Durchlauf

Der LHC wurde schon bei der Planung des *Large Electron Positron Colliders* (LEP) in den 1980ern entworfen und nach dem Abbau des LEP in dessen Tunnel mit einem Umfang von knapp 27 km gebaut. Der LHC lief 2008 zum ersten Mal an und ist heute mit einer Energie von 13 TeV der größte und stärkste Beschleuniger. In dem LHC werden hauptsächlich Protonen und Bleikerne beschleunigt und zur Kollision gebracht, da diese zur Gruppe der Hadronen gehören und somit beim Aufprall eine deutlich höhere Energie als Elektronen haben. Mithilfe dieser hohen Energie sollte das Higgs-Boson problemlos in ausreichender Zahl erforscht werden. Damit die Teilchen auf ihrer Kreisbahn bleiben, muss am LHC eine Magnetfeldichte von acht Tesla erzeugt werden, was nur mithilfe von metallischen Supraleitern möglich ist. Diese müssen jedoch mit suprafluidem Helium auf knapp 1,9 K heruntergekühlt werden. Der Bau wurde aufgrund mehrerer Verzögerungen erst 1996 vollständig genehmigt.Im Folgenden erläutern wir einen gesamten Durchlauf von der Protonenquelle bis hin zur Kollision im LHC.

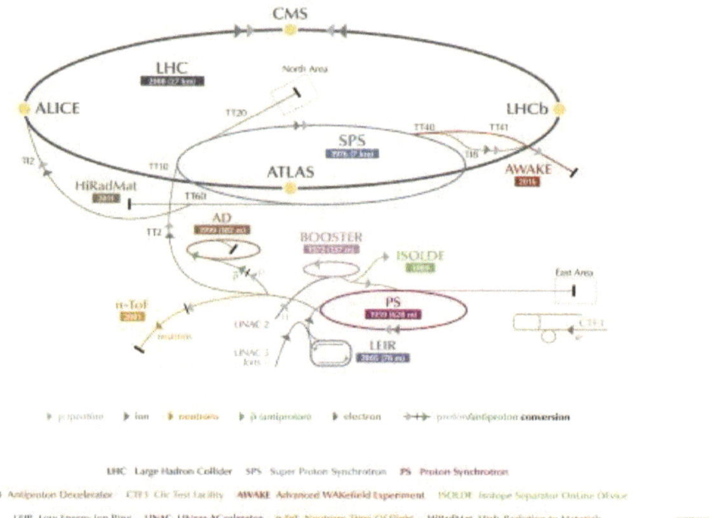

*Vergrößerte
Darstellung am
Ende der Arbeit*

*Abbildung 5: Aufbau der Beschleuniger am CERN
http://www.quantumdiaries.org/2014/01/15/a-whole-universe-to-be-discovered/*

Die Protonen, die letztendlich in den LHC eingeschleust werden, stammen aus einer Wasserstoffgasflasche. „Wasserstoff mit einem einzelnen Proton als Kern und einem Elektron als Hülle lässt sich in einer Gasentladung leicht ionisieren"[10]. Diese Trennung geschieht im Duoplasmatron, welcher von einem elektrischen Feld umgeben ist. Von dort gelangen die Protonenbündel in einen radiofrequency cavity, welcher die Teilchen mithilfe eines elektromagnetischen Feldes beschleunigt. Der nächste Schritt ist der erste eigentliche Vorbeschleuniger des LHC, der LINAC 2, ein Linearbeschleuniger, der die Protonenbündel auf 50 MeV bzw. knapp einem Drittel der Lichtgeschwindigkeit beschleunigt. Von dort gehen die Protonenbündel direkt in den Proton Synchrotron Booster (PSB), der erste Kreisbeschleuniger der Vorbeschleunigerkette. Für die Kreisbahn der Teilchen setzt man wie in 3.3.1. erwähnt Dipol-Magnete ein. „Der PSB benötigt insgesamt 1,2 Sekunden, um die Protonen aus dem LINAC2 von 50 Megaelektronenvolt auf 1,4 Gigaelektronenvolt zu beschleunigen (91 Prozent der Lichtgeschwindigkeit). Durch spezielle Magnete wird der Strahl aus dem PSB in den nächsten Kreisbeschleuniger PS geführt (Injektion)"[11]. In dem Proton Synchrotron werden die Protonenbündel mithilfe bestimmter Frequenzen der Wechselspannung und Stärke der Spannung auf 72 Stück mit einer Länge von vier ns gebracht und auf insgesamt 25 GeV beschleunigt. Dies entspricht 99,93 % der Lichtgeschwindigkeit. Von hier geht es in den letzten der vier Vorbeschleuniger, dem Super Proton Synchrotron. Dieser beschleunigt die Pakete lediglich weiter, lässt die vom PS zuvor angepassten Einteilungen jedoch unverändert. Mit einer

---

[10] Zitiert aus: Michael Hauschild, 2016 S.11
[11] Zitiert aus: http://www.lhc-facts.ch/index.php?page=psb (Stand: 10.09.2017, 22:56)

Energie von 450 GeV werden die Pakete schließlich an zwei Stellen in entgegengesetzte Richtung in den LHC eingeschleust. Die Protonenbündel werden im LHC so gelenkt, dass sie sich die entgegengesetzten Beams nur noch an vier Stellen treffen können, nämlich an den vier Detektoren. So können deutlich mehr Ergebnisse wahrgenommen und gemessen werden. Vor jedem der vier Detektoren werden die Bündel mithilfe von Quadrupolmagneten sozusagen komprimiert, um die Beams so gezielt wie möglich aufeinanderzusteuern. Ansonsten würden die Beams sehr lange durch den LHC kreisen und nur selten kollidieren. Die bei den Kollisionen wahrgenommenen Daten können nun von Computern ausgewertet werden. Die Kollisionen können dann rekonstruiert werden und mithilfe der gewonnenen Informationen über den Spin der Teilchen diese bestimmt und untersucht werden.

4. Antimaterie

4.1. Antimaterie und wie sie gefunden wurde

Den Grundbaustein für die Suche nach dem Gegenstück für die uns bekannte und allgegenwärtige Materie legte Paul Dirac. Er war ein englischer Physiker und stellte 1928 die nach ihm benannte Dirac-Gleichung auf, welche es ihm ermöglichte die Existenz des Positrons vorherzusagen. Das Positron, welches seinen Namen aber erst vier Jahre später erhalten sollte, ist das Antiteilchen des Elektrons und damit in allen Punkten, bis auf die Ladung, identisch. Es weist im Gegensatz zum Elektron eine positive Ladung auf. Entdeckt wurde das Positron von Carl David Anderson, der am 2. August 1932 einen zufälligen Fund machte. Mithilfe einer selbstgebauten Einrichtung versuchte er lediglich die kosmische Strahlung sichtbar zu machen, doch bei einer der Momentaufnahme fiel ihm ein Teilchen auf, welches sich genau entgegengesetzt verhielt. Dieses dem Elektron in der Masse identisches Teilchen schien genau auf die Theorie von Dirac zuzutreffen. Der Name ist fast selbsterklärend: POSI aufgrund der positiven Ladung und TRON wegen dem Partner, dem Elektron.
Doch damit war es noch nicht genug. Mit dieser Entdeckung war der Welt der Physik klar, dass jedes Teilchen ein Antiteilchen hat. Darüber hinaus setzt Einsteins Relativitätstheorie die Existenz der Antimaterie (also die Gesamtheit

aller Antiteilchen, so wie Materie alle „normalen" Teilchen beschreibt) voraus. Nach seiner Gleichung $E = m * c^2$ kann sich also „Energie - etwa in Form von Licht - in Masse umwandeln [...] und umgekehrt"[12]. Damit aber die Ladung neutral bleibt, müssen bei der Umwandlung der Energie beide Ladungsarten vorliegen.

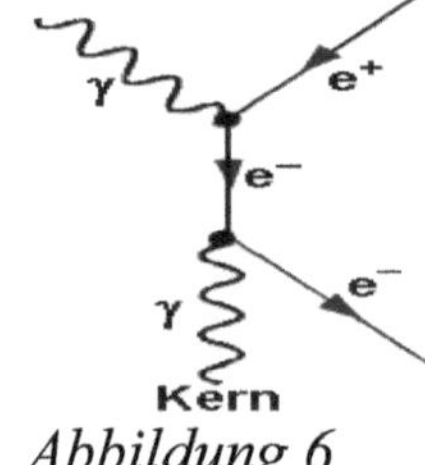

Abbildung 6

Bei dem Prozess der Paarerzeugung kann ein energiereiches Photon ein Elektron-Positron-Paar bilden. Dabei muss allerdings ein Teil der Energie wieder in Form eines Photons an einen weiteren Partner abgegeben werden, der dieses absorbiert(siehe Abbildung 6).

Zu einer Annihilation kommt es, wenn ein Materieteilchen und ein Antimaterieteilchen aufeinandertreffen. Dabei wird eine äußerst große Menge an Energie freigesetzt.

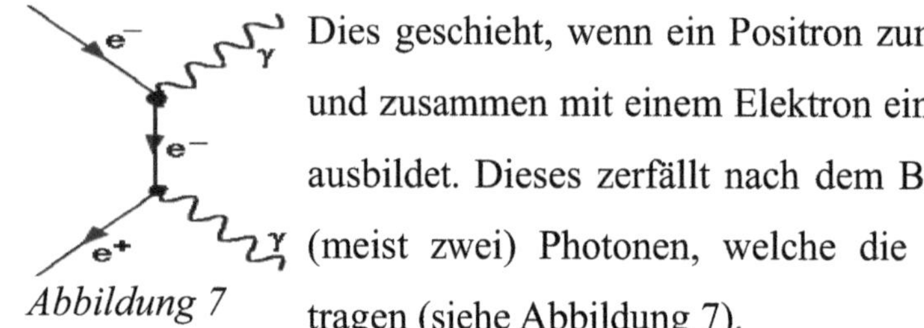

Abbildung 7

Dies geschieht, wenn ein Positron zum Stillstand gebracht wird und zusammen mit einem Elektron ein sogenanntes Positronium ausbildet. Dieses zerfällt nach dem Bruchteil einer Sekunde zu (meist zwei) Photonen, welche die gesamte Energie in sich tragen (siehe Abbildung 7).

Abbildungen 6 & 7 am 13.09.2017, 16:03 Uhr entnommen aus:

http://erlangen.physicsmasterclasses.org/sm_ww/sm_ww_elm4.html

Mit dem Stichpunkt Energie wären wir auch schon bei einem der Hauptgründe der heutigen Erforschung der Antimaterie am CERN angekommen. Die Frage, ob Antimaterie eines Tages als zuverlässige und umweltschonende Energiequelle für jedermann zugänglich sein wird, beschäftigt nicht mehr nur die Wissenschaftler. Im Folgenden gehen wir näher auf die Erforschung der Antimaterie und die Frage der Energie ein.

4.2. Bisherige Ergebnisse aus der Antimaterieforschung

Der Wissenschaft ist längst bekannt, dass alle Antimaterieatome aus den Antiteilchen Positron, Antiproton und Antineutron zusammengesetzt sind, so wie

<hr>

[12] Zitiert aus: Frank Grotelüschen, http://www.deutschlandfunk.de/vor-85-jahren-die-entdeckung-der-antimaterie.871.de.html?dram:article_id=392491 (Stand: 20.08.2017, 17:02)

alle Materieatome aus Elektronen, Protonen und Neutronen aufgebaut sind. Doch wie erzeugen die Physiker überhaupt Antimaterie?

Positronen zum Beispiel entstehen bei dem umgekehrten Prozess der Annihilation mit dem einfachen Namen Paarerzeugung. Dafür kommen Teilchenbeschleuniger zum Einsatz. In ihnen werden Metallfolien mit äußerst energiereichen Laserstrahlen beschossen. Folge ist, dass die beschossenen Elektronen in der Metallfolie Strahlung in Form von Gammastrahlen-Photonen abgeben. Wenn diese erzeugten Photonen nun mindestens die doppelte Menge an Energie eines Elektrons im Ruhezustand besitzen, zerfallen die Photonen in mehreren Teilschritten zu jeweils einem Elektron und einem Positron: Antimaterie wurde erzeugt! Ganze Antimaterieatome können nun erzeugt werden, wenn zum Beispiel Positronen in einem Magnetfeld zusammen mit Antiprotonen gefangen gehalten werden, so kann Antiwasserstoff (bestehend aus jeweils einem der beiden Antiteilchen) entstehen. Während man allerdings Positronen und Antiprotonen aufgrund ihrer elektrischen Ladung gut in einem Magnetfeld auffangen kann, ist es bei Antiatomen weitaus schwieriger. Die elektrisch neutralen Atome sind lediglich ein wenig magnetisch, weshalb man sie in einem Magnetfeld potenziell halten kann.

Dementsprechend kurz sind die Zeiträume, die die Physiker am CERN zur Verfügung haben, um Messungen mit Antiwasserstoff durchzuführen. Doch obwohl Antiwasserstoff im Bereich von wenigen hundert Millisekunden der Magnetfalle entkommen kann, konnte ein Forscherteam 2011 309 Antiwasserstoffatome für ganze 17 Minuten in der Magnetfalle halten.

Bisher wurden im CERN verschiedene Experimente mit Antiwasserstoff durchgeführt, in der Hoffnung sich das Ungleichgewicht von Materie und Antimaterie im Universum zu erklären. Dafür wurde in mehreren Versuchen überprüft, inwiefern Antimaterie wirklich, abgesehen von der Ladung, die exakt gleichen Eigenschaften wie „normale" Materie vorweist.

Am 20. Januar 2016 wurde am CERN elektrisch neutraler Antiwasserstoff nachgewiesen. Dafür hielt man die künstlich erzeugten Antiwasserstoffatome bei unterschiedlich starken elektrischen Feldern gefangen und überprüfte die Zeit, die die Atome brauchten, um zu entkommen. Die gemessene Zeit war jedoch jedes Mal gleich, also können die Antiwasserstoffatome nur elektrisch neutral sein. Exakt elf Monate später könnte dann auch die Spektrallinie von Antiwasserstoff ermittelt werden. Dafür erzeugte man im Antiprotonen-Entschleuniger ein Plasma aus Positronen und Antiprotonen, welche den nötigen Antiwasserstoff bildeten. Von diesem wurden Atome eingefangen und mit Laserlicht bestrahlt. Dadurch wurden die Positronen der Atome auf ein erhöhtes Energieniveau gehoben, beim „Quantensprung" zurück in den Ausgangszustand wurde Licht, also Photonen, abgestrahlt. Von dem Licht konnte die Wellenlänge bestimmt werden und man beobachtete, dass Antiwasserstoff die selbe Spektrallinie wie Wasserstoff vorweist.

Dies sind Ergebnisse aus 20 Jahren Forschung am CERN und bisher bestätigte sich das Standardmodell in allen Punkten, die Frage des Ungleichgewichts in dem Universum konnte aber noch nicht geklärt werden. Somit bleibt vorerst auch offen, warum wir existieren können, wenn sich doch die gleichen Mengen an Materie und Antimaterie beim Urknall hätten auslöschen müssen.

Bei der Existenz des Universums müssen wir aber nicht nur auf die Vergangenheit blicken. Auch in Zukunft könnte das Überleben der Menschheit von Antimaterie abhängen und zwar im Hinblick auf Energieerzeugung, Umweltverschmutzung und erneuerbare Energien. Materie und Antimaterie zerstören sich gegenseitig in einer Annihilationsreaktion, wobei eine große Menge an Energie freigesetzt wird und der Gedanke diese Energiemengen für die ganze Welt zugänglich zu machen ist geradezu verlockend. Ein Kilogramm Antiwasserstoff als Energiequelle wird für eine Kleinstadt gute 100 Jahre reichen. Dabei würde auch kein Atommüll, der die Umwelt verstrahlt, oder CO_2 produziert, welches die Atmosphäre belastet. An sich also eine sehr umweltfreundliche Lösung, die viele Probleme der Umweltverschmutzung potenziell lösen könnte. Warum sind also noch keine Antimaterie-Kraftwerke im Bau oder in der Planung? Die Problematik ist vielfältig.

Zum einen müssen die Antiwasserstoffatome in den Teilchenbeschleunigern künstlich erzeugt werden und dafür benötigt man einiges an Energie. Dann müssen die Atome gespeichert werden. Dies ist wie zu Beginn erwähnt schwer und bisher nur in äußerst kurzen Zeiträumen möglich. Darüber hinaus müssen die Atome auf knapp -272°C, also kurz vor dem absoluten Nullpunkt, abgekühlt werden, damit diese sich nur noch äußerst langsam bewegen und nicht direkt an den Magneten in einer Annihilationsreaktion vernichten werden. Wenn man solche extremen Temperaturen erzeugen will braucht man erneut viel Energie. Der

Energiegewinn ist dabei fast zu vernachlässigen. „Das Verhältnis von Energieaufwand zu Energiegewinnung entspricht derzeit noch 1.000.000:1. Manche Wissenschaftler gehen gar davon aus, dass sich ein Antimaterie-Kraftwerk niemals lohnen werde, da auch durch technische Fortschritte maximal soviel Energie gewonnen werden könne, wie hineingesteckt wurde. Die Wirtschaftlichkeit wäre also gleich null"[13].

4.3. Zukunft der Forschung

Doch was wäre, wenn wir doch entgegen den Erwartungen Antimaterie in großem Stil schaffen könnten? Es ist schließlich nicht unmöglich, dass ein genialer Kopf die Herstellung von Antimaterie revolutioniert und vielleicht wird durch Zufall eine große Menge Antimaterie im Weltall gefunden. So schön die Hoffnungen auch sein mögen, die Wahrscheinlichkeiten stehen schlecht. Wie zuvor erwähnt, würde selbst technologisch höchster Fortschritt kein Wirtschaftlichkeit ermöglichen. Damit entfällt die Idee des Antimaterie-Kraftwerks. Doch die Forschung könnte in Zukunft noch ganz andere Ergebnisse vorweisen.
Beim Punkt Energie bietet die Antimaterie aber auch noch mehr als nur Strom. So gibt es die Vorstellung einer Antimaterie-Bombe, welche mit Abstand die mit der größten Sprengkraft und den fatalsten Folgen wäre. Doch auch hierfür müsste aus irgendeiner Quelle äußerst große Mengen an Antimaterie gewonnen werden, was wiederum zu teuer und aufwendig wäre. Dazu kommt, dass die Magnetfallen, um die Antimaterie zu halten, viel zu gefährlich wären in einer sich bewegenden Bombe. Ein wenig beruhigender hingegen klingt die Idee von Antimaterie als Treibstoff der Raumfahrt, um die Erforschung des Weltalls noch schneller zu machen. Ein mit Antimaterie betriebener Antrieb wäre weitaus effektiver als alle, die bisher gebaut wurden, da man sich mit gut 40% der Lichtgeschwindigkeit fortbewegen könne. Jedoch braucht man auch hierfür wieder größere Mengen Antimaterie, welche darüber hinaus so gut wie unmöglich in einer Rakete zu lagern wären.
Doch kommen wir nochmal zurück zu der Messung des Spektrums von Antiwasserstoff. Dank dieser Forschung wissen die Physiker am CERN nun, wie man Antiwasserstoff vermessen kann, und wollen jetzt die Messinstrumente noch

---

[13] Zitiert aus: https://www.verivox.de/themen/antimaterie-kraftwerk/ vom 04.09.2017, 15:32

präziser machen. Es wird davon ausgegangen, dass in einer kleinsten Messungenauigkeit das Geheimnis für das Ungleichgewicht von Materie und Antimaterie im Universum liegt. Schließlich ist die leitende Frage der Forschung immer noch, wie unser Universum überhaupt nach dem Urknall existieren konnte, ohne das sich in unzähligen Annihlationsreaktionen alles vernichtet hat.

Die Forschung wird in der Zukunft (oder zumindest zu unseren Lebzeiten) also aller Wahrscheinlichkeit nach keine dem Menschen nützliche, materielle Form von Technologien, die mithilfe von Antimaterie funktionieren, vorweisen können. Allerdings steht es deutlich besser darum endlich zu verstehen, wie sich das Universum in der uns bekannten Form bilden konnte und warum wir heute auf der Erde leben können. Auf diesen Hauptschwerpunkt werden sich die Teilchenphysiker am CERN auch erst einmal beschäftigen und dafür ihre Messinstrumente revolutionieren.

5. Higgs-Boson

5.1. Notwendigkeit des Higgs-Bosons

Die Maxwell-Gleichungen, die den Elektromagnetismus beschreiben, wurden über Jahrhunderte verfeinert, vereinfacht und zusammengefasst, aber sie haben sich stets als richtig erwiesen. Auch mit der Quantenmechanik und der Relativitätstheorie sind sie kompatibel, aber als man nach der Idee des Standardmodells versuchte Elementarteilchen mit Masse in die Formeln einzusetzen, erhielt man sinnlose Ergebnisse wie Wahrscheinlichkeiten von mehr als 100%.

Obwohl eine Masse von Elementarteilchen beispielsweise Z-Bosonen experimentell nachgewiesen wurde, schienen sie theoretisch keine zu besitzen. Um dieses Paradoxon zu lösen, entwickelten Wissenschaftler, unter anderem Peter Higgs, im Jahr 1964 die Idee eines allgegenwärtigen Feldes, mit dem massereiche Elementarteilchen wechselwirken würden und durch einen Mechanismus Masse erhalten würden. Higgs sagte zudem die Existenz von einem weiteren Elementarteilchen, dem „Higgs-Boson", voraus, weshalb letztendlich sowohl der heute als Higgs-Mechanismus bekannte Prozess sowie das nun als Higgs-Feld bekannte Feld nach ihm benannt wurden. Der Begriff „Gottesteilchen" wird oft in den Medien verwendet, obwohl das Higgs-Boson nichts mit Gott zu tun hat, sondern in einer Publikation als „gottverdammtes Teilchen"[7] bezeichnet wurde.

Das Higgs-Boson hat jedoch mit dem Mechanismus selbst nichts zu tun, sondern muss als eine energetische Komponente des Feldes gesehen werden, die beim Schwingen des Feldes frei wird, wie ein Ton durch das Schwingen einer Geigensaite frei wird.

Nun stellt sich selbstverständlich die Frage, warum man ausgerechnet nach diesem Teilchen gesucht hat, welches eigentlich keinen Nutzen hat. Die Antwort ist simpel: Man wollte das Higgs-Feld beweisen.

Jahrzehnte lang suchte man nach dem Teilchen, aber um ein Teilchen, von dem eine sehr hohe Masse erwartet wurde, zu erzeugen, benötigte man mehr Energie, als die damaligen Anlagen bereitstellen konnten. Bis zum heutigen Stand wurde ein Teilchen, bei dem es sich höchstwahrscheinlich um das besagte Higgs-Boson handelt, in mehreren Teilchenbeschleunigern erzeugt, die erste Entdeckung fand im LHC statt.

5.2. Suche nach dem Higgs-Boson

Da das Higgs-Boson (H^0) ein Teilchen des Standardmodells ist, haben Wissenschaftler schon vor der Entdeckung Erzeugungs- und Zerfallsprozesse des Bosons vorhersagen können. So zerfällt das Higgs-Boson in ein Elementarteilchen und seinen Antimaterie-Partner wie beispielsweise Elektron und Positron oder ein Quark und ein Anti-Quark.

Da von dem Higgs-Boson eine hohe Masse erwartet wurde, muss man also einem Elektron sehr viel Energie hinzufügen, damit beim Zusammenstoß mit einem Positron potentiell genug Energie für ein Higgs-Boson frei werden könnte. Da nicht einmal im LHC solche Energien erreicht werden können, kam man auf die Idee das Boson mithilfe eines top-Quarks und eines anti-top-Quarks zu erzeugen. Da diese jedoch nicht natürlich vorkommen, muss man zunächst Gluonen mithilfe einer Protonenkollision erzeugen, aus deren Energie spontan ein top- und Anti-top-Quark entstehen. Das Materieteilchen annihiliert sich nun mit dem

---

[7] http://www.forschungs-blog.de/was-ist-eigentlich-das-gottesteilchen-higgs-boson/ (Stand: 18.08.2017)

Antiteilchen, wobei durch die frei gewordene Energie nun ein Higgs-Teilchen entstehen kann (siehe Abbildung[14]).

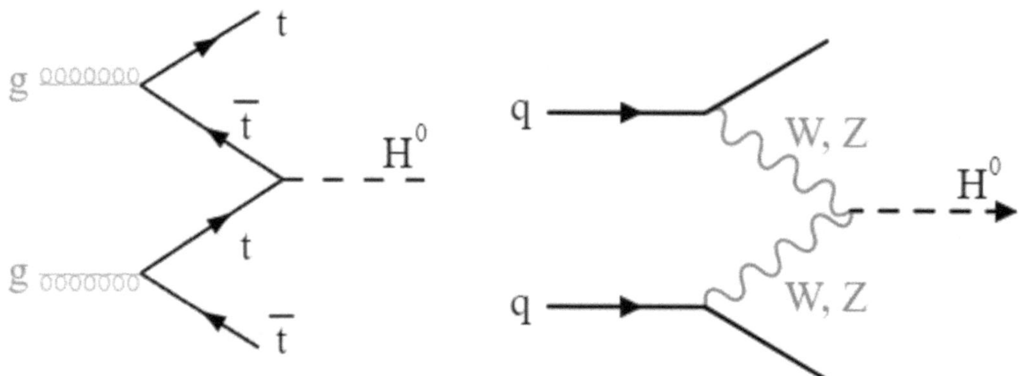

Abbildung 8:
https://de.wikipedia.org/wiki/Higgs-Boson (Stand: 3.9.2017)

Abbildung 9:
https://de.wikipedia.org/wiki/Higgs-Boson (Stand: 3.9.2017)

Das Higgs-Boson konnte am LHC auch mithilfe zweier Quarks gewonnen werden, die nach einer Protonenkollision frei werden und W- und Z-Bosonen emittieren, durch deren Energie ein Higgs-Boson entstehen kann.

Das Problem ist jedoch, dass das Higgs-Boson so wie alle massereichen Elementarteilchen schnell zerfällt und deshalb nicht einfach detektiert werden kann, sondern in Form der Zerfallsprodukte untersucht werden muss, wie der folgende Abschnitt erklärt.

5.3. Beweis des Higgs-Bosons

Am 4. Juli 2012 gab der CERN bekannt, dass ein neues Teilchen mit einer Ruhemasse von 125-127 GeV gefunden wurde. Aus vorherigen Experimenten war bekannt, dass das Higgs-Boson eine Ruhemasse im Bereich von 120 GeV besitzen sollte, doch um diese nachzuweisen werden die Zerfallsprodukte betrachtet.

Das Higgs-Boson zerfällt höchstwahrscheinlich in massereiche Teilchen wie bottom-Quarks, welche jedoch bei den Kollisionen von Protonen entstehen, wodurch die, beim Zerfall des Bosons entstehenden, Quarks nur schwer nachgewiesen werden können.

---

[14] Zu Feynman-Diagrammen siehe 2.2.2

Abbildung 10: Alexander Knochel 2015, S.36 Abb.1

Die obigen Prozesse zeigen, mithilfe welcher Zerfallsreaktionen die Masse des Higgs-Bosons berechnet werden konnte, und die daneben stehenden Prozentzahlen stellen die Wahrscheinlichkeit dieses Zerfalls dar[15].

5) zeigt den Zerfall in Fermionen (f) und deren Antiteilchen $(_{-f})$. Falls es sich bei den Fermionen um Leptonen handelt, lassen sich diese leicht detektieren, und wenn deutlich wird, dass sie meist eine Energie von ca.125 GeV aufweisen, so sind sie Zerfallsprodukte eines bestimmten Teilchens.

Das gleiche gilt für die in 6) dargestellten Photonen, deren Energie noch einfacher aufgezeichnet werden kann und sie somit leichter als Zerfallsprodukte des Bosons identifiziert werden können.

Nach der Bestimmung der Masse gelang es zudem, den erwarteten Spin von 0 festzustellen, sowie Zerfallszeiten, die den Erwartungswerten entsprachen, wodurch sich die Wissenschaftler sicher sind, dass es sich bei dem am 4. Juli entdeckten Teilchen um das Higgs-Boson handelt.

5.4. Bedeutung des Higgs-Boson

5.4.1. Für die Gesellschaft

„Bei den sogenannten Gottesteilchen geht es ja nicht um unseren Alltag. Das alles ist ein Prozess vor dem Gerichtshof der Naturwissenschaften. Da wurde jahrzehntelang ein Indizienprozess geführt - Beweise gibt es nicht - und jetzt ist das Urteil gefällt: [...] Es gibt da dieses energetische Feld, das den Partikeln ihre Masse verleiht."

 - Prof. Dr. Harald Lesch zur Süddeutschen Zeitung[16]

---

[15] Zu Feynman-Diagrammen siehe 2.2.2

Mit dieser Aussage fasst Prof. Dr. Lesch die Bedeutung des Higgs-Bosons für die Gesellschaft gut zusammen und obwohl die meisten Menschen von dem berühmten „Gottesteilchen" schon einmal gehört haben, hat es auf ihren Leben keinen Einfluss von dessen Existenz zu wissen. Dennoch stillt das Higgs-Boson langsam den menschlichen Drang das Universum vollends zu verstehen, da es ein weiteres Puzzle-Teil in einem riesigen Puzzle ist, dass die Menschheit noch lange nicht gelöst hat.

5.4.2. Für die Forschung

„Auch wenn die lang erwartete Entdeckung eines Higgs-Teilchens […] enthusiastisch begrüßt wurde, sehen viele sie mit einem lachenden und einem weinenden Auge […] ."
 - Dr. Alexander Knochel der RWTH Aachen[17]

Wie Knochel feststellt, wurde das Higgs-Boson von der Wissenschaft verschieden wahrgenommen. Einerseits bewies es den Higgs-Mechanismus, welcher von beispielsweise Stephen Hawking schon abgeschrieben worden war, andererseits eröffnet es auch neue wissenschaftliche Fragestellungen. Hinzu kommt eine gewisse Enttäuschung, dass der LHC neben der Entdeckung noch keine weiteren Neuentdeckungen hervorgebracht hat.

Die Forschungsergebnisse des Higgs-Bosons widersprechen der Existenz von mehr Fermionen als den bekannten zwölf und die Ursache für die Masse des Higgs-Bosons selbst ist unbekannt. Zudem bleibt die Frage zur Gravitation ungeklärt und obwohl das Standardmodell sich ein weiteres mal als richtig herausgestellt hat, gibt es noch immer keine Erklärung für die Existenz dunkler Materie sowie die Masse der Neutrinos.

Somit lässt sich feststellen, dass das Higgs-Boson ein weiteres wichtiges Element in der Forschung der Elementarteilchen ist, aber genauso viele Frage aufwirft, wie es klärt.

---

[16] http://www.sueddeutsche.de/panorama/harald-lesch-ueber-higgs-boson-das-versteht-kein-mensch-1.1402850 (Stand: 26.06.2017)
[17] Alexander Knochel 2015, S.41

6. Fazit

6.1. Kritik aus der Gesellschaft

6.1.1. Kosten

Ein großer Kritikpunkt der Gesellschaft an abstrakter bzw. Grundlagenforschung sind die beachtlichen Kosten, welche keinen direkten Nutzen für die Gesellschaft haben. Die Baukosten des LHC belaufen sich nach Schätzungen auf vier Milliarden Euro. Ebenso hoch sind die jährlichen Ausgaben für die Experimente am LHC. Um noch höhere Energien am LHC erreichen zu können, wurden von 2013 bis 2015 nochmals 90 Millionen Euro an Umbaukosten investiert. Insgesamt wurden bis zur Entdeckung des Higgs-Bosons 10,3 Milliarden Euro ausgegeben.

6.1.2 Gefahren im LHC

Der LHC wurde mehrere Jahrzehnte geplant und trotz der Tatsache, dass versucht wurde möglichst viele Sicherheitslücken zu schließen, besteht noch immer die Gefahr, dass der LHC bei Versuchsreihen beschädigt wird und Kosten von mehreren Millionen Euro entstehen.

Zu den Gefahren gehören die Energie des Teilchenstrahls, das Magnetfeld, welches wichtige Teile der Technik zerstören könnte, kosmische Strahlung und mögliche schwarze Löcher mikroskopischer Größe, die beim Kollidieren von Elementarteilchen entstehen könnten.

Die maximale Energie eines Protonenstrahls im LHC entspricht ungefähr der Energie eines sich mit 1600 km/h bewegenden Personenwagens, obwohl zu bedenken ist, dass meist nur einzelne Protonen vom Strahl abkommen und eher schwache Schäden verursacht werden. Bei den Protonenkollisionen wird jedoch auch oft kosmische Strahlung frei, die energiereichste bekannte elektromagnetische Strahlung. Obwohl sie äußerst gefährlich ist, sollte man beachten, dass schon seit Milliarden Jahren kosmische Strahlung aus dem Weltall in unsere Atmosphäre gelangt. Obwohl diese nicht zur Erdoberfläche durchdringt, setzt sie in der Atmosphäre Energien frei, die alles, was der LHC erreichen könnte weit übersteigen. Somit stellt die kosmische Strahlung keine Bedrohung für die Menschen dar.

Im September 2008 berichten die Medien die Vorstellung herum, im LHC könnten schwarze Löcher produziert werden im Größenbereich von $3,7*10^{-50}$ Metern. Schwarze Löcher entstehen normalerweise beim Kollaps eines Sterns, der ein vielfaches des Sonnengewichts hat. Hierbei entsteht eine Anomalie, der aufgrund ihrer hohen Masse und der daraus folgenden Gravitation nicht einmal Licht entkommen kann. Dies ist nur im Falle des Zutreffens der String-Theorie möglich, die von der Existenz höherer Dimensionen ausgeht, in denen die Energie des LHC ausreichen würde Teilchen beim Zusammenstoß nahe genug aneinander zu bringen, damit ein schwarzes Loch möglicherweise entstehen könnte. Außerdem ist beim heutigen Forschungsstand davon auszugehen, dass kleine schwarze Löcher aufgrund des Absonderns von Hawking-Strahlung in kurzer Zeit zerfallen. Die Magneten im LHC sind supraleitend, das heißt, dass sie bei bestimmten Temperaturen ohne Widerstand leiten. Erhöht sich die Temperatur jedoch minimal so kann es sein, dass die gesamte im Magnet gespeicherte Energie in Wärme umgesetzt wird.

Ein Zwischenfall ereignete sich beim Bau des LHC im September 2008, wo eine fehlerhafte Verbindung beim Stromversorgungstest zu einer Stromstärke von 8700 Ampere führte, welche zu einer Kettenreaktion führte, die Helium erhitzte, welches in einer Schockwelle frei wurde und 53 supraleitende Magnete beschädigte. Die Reparaturkosten betrugen 22 Millionen Euro, aber es wurden keine Menschen bei dem Unfall verletzt.

6.2. Zusammenfassung

Festgestellt wurde, dass es sich bei der Forschung am LHC um Grundlagenforschung handelt, die in nächster Zukunft keine Bedeutung für den menschlichen Alltag hat. Dennoch kostet diese Forschung Milliarden von Euro und es bestehen potentielle Gefahren für die Menschheit und die Forscher in der Einrichtung. Wie lassen sich nun diese Ausgaben rechtfertigen und warum spricht man von Forschung, die möglicherweise Einfluss auf die Zukunft hat? Es wurde klargestellt, dass das Higgs-Boson keine Funktion erfüllt und Antimaterie in nicht effizient nutzbar für die Energiegewinnung ist, also wie kommt es dazu, dass wir Menschen noch immer solche Grundlagenforschung durchführen?

„Forschung dient primär einem Zweck: Wissen zu erlangen auf Gebieten, die einem noch verschlossen sind."
-Prof. Martin Stratmann[18]

Es stimmt und niemand kann es anzweifeln: Die Milliarden, die heutzutage in die Grundlagenforschung fließen, könnten genutzt werden, um hungernde Menschen vor dem Tod zu retten, um soziale Gerechtigkeit zu erzeugen oder um Medikamente gegen schwere Krankheiten zu finden. Doch wo befänden wir uns, wenn wir nie versucht hätten die Welt um uns herum zu verstehen, wenn nicht frierend in einer Höhle wie in der Steinzeit. Die Menschheit benötigt die Grundlagenforschung um große Fragen zu lösen, sich weiterzuentwickeln oder aber auch um neue Erkenntnisse zu gewinnen, die uns bis jetzt verschlossen blieben. „Eine Investition in Wissen bringt immer noch die besten Zinsen."[19] Das Zitat von Benjamin Franklin zeigt, dass schon der erste Präsident der Vereinigten Staaten von Amerika der Überzeugung war, dass eine Investition in Forschung sich irgendwann auszahlen würde. Dem stimmt Martin Stratmann, Präsident der Max-Planck–Gesellschaft, zu und weist bei der Frage nach dem gesellschaftlichen Nutzen der Grundlagenforschung beispielsweise auf Einsteins allgemeine Relativitätstheorie hin: Wüssten wir nicht, dass die Zeit im Weltall schneller vergeht als auf der Erde aufgrund der geringeren Gravitation, hätten wir kein funktionierendes GPS-System. 1915 hat niemand erwartet, dass man die von Einstein beschriebenen Phänomene je messen könnte, geschweige denn sie für etwas benötigen würde und dennoch betrachten wir sie heute an schwarzen Löchern und nutzen sie für unser GPS. „Grundlagenforschung findet immer irgendwann eine Anwendung", sagte Claus Lämmerzahl vom Zentrum für angewandte Raumfahrttechnik in einem Interview. Er führt zudem den Punkt an, dass Verfahren teils aus der Forschung in den Alltag übertragen werden wie eine Technik für Gravitationswellenvermessung, die nun zur genaueren Vermessung der Erde und ihres Gravitationsfeldes eingesetzt werden soll. Beispielsweise

---

[18] Weser-Kurier S.18; Ausgabe: 15.09.2017 „Forscher brauchen freie Hand"
[19] https://www.gutzitiert.de/zitat_autor_benjamin_franklin_thema_wissen_zitat_3430.html (Stand 16.09.2017)

wurde auch das Internet auch zunächst am CERN verwendet, bevor es Anwendung im Alltag fand.

Abschließend ist festzustellen, dass die Forschung am LHC und dem CERN Forschung für die Zukunft der Menschheit ist. Trotz Ausgaben und Gefahren sowie zunächst fehlenden praktischen Nutzen wird die Forschung in der Zukunft einen Nutzen haben, sei es die Energiegewinnung durch Antimaterie oder die Nutzung des Higgs-Bosons für Herstellungsprozesse.

An dieser Stelle würden wir gerne Jens Harder
für das Lesen und Verbesserungsvorschläge sowie
Herr Wesseler für das Korrigieren fachlicher Fehler danken.

7. Literaturverzeichnis:

Bergmann, Martin/Bethge, Prof. Dr. Klaus:Schüler Duden, Die Physik, 3.
überarbeitete und ergänzte Aufl., S.108. Mannheim (Bibliographisches Institut &
F.A. Bockhaus AG) 1995
Hauschild, Michael: Neustart des LHC: CERN und die Beschleuniger, Die
Weltmaschine anschaulich erklärt. Wiesbaden (Springer Spektrum) 2016
Knochel, Alexander: Neustart des LHC: das Higgs-Teilchen und das
Standardmodell, Die Teilchenphysik hinter der Weltmaschine anschaulich erklärt.
Wiesbaden (Springer Spektrum) 2016
Interviewer Wendler, Jürgen/Stratmann, Martin: „Forscher brauchen freie Hand",
in: WESER-KURIER vom 15.09.2017, S.18

8. Quellenverzeichnis:

http://atlas.physicsmasterclasses.org/de/index.htm (Stand: 10.09.2017)
http://www.bild.de/community/ugc/25052236/comment/popular (Stand
15.09.2017)
http://www.bild.de/news/ausland/cern/teure-suche-gottesteilchen-
25049932.bild.html (Stand 19.08.2017)
Boffard, Rob: http://diezukunft.de/kolumne/unendliche-weiten/mit-wumms-ins-all
(Stand 04.09.2017)
Buehrke, Thomas: https://www.mpg.de/5883573/interview_kortner (Stand
26.08.2017)
https://home.cern/about/engineering/radiofrequency-cavities (Stand: 10.09.2017)
https://home.cern/about/structure-cern (Stand: 08.09.2017)
https://home.cern/topics/birth-web (Stand: 16.09.2017)
http://erlangen.physicsmasterclasses.org/sm_et/sm_et_07.html (Stand: 26.08.17)
http://erlangen.physicsmasterclasses.org/sm_ww/sm_ww_elm4.html (Stand:
30.08.2017)
Gaßner, Josef: https://www.youtube.com/watch?v=Si6ZpGde3uA (Stand:
19.08.2017)

Grotelüschen, Frank: http://www.deutschlandfunk.de/vor-85-jahren-die-entdeckung-der-antimaterie.871.de.html?dram:article_id=392491 (Stand: 20.08.2017)

https://www.gutzitiert.de/zitat_autor_benjamin_franklin_thema_wissen_zitat_3430.html (Stand: 16.09.2017)

Hanel, Stephanie: http://www.lindau-nobel.org/de/paul-dirac-zum-dreisigsten-todestag-des-stillen-genies/ (Stand: 20.08.2017)

https://www.hna.de/welt/cern-fragen-antworten-696409.html (Stand: 13.9.17)

Holland, Martin: https://www.heise.de/newsticker/meldung/CERN-Erstmals-Spektrum-von-Antimaterie-analysiert-3576696.html (Stand: 26.08.2017)

Illinger, Patrick: http://www.sueddeutsche.de/wissen/higgs-teilchen-entdeckt-danke-natur-1.1401966 (Stand: 15.09.2017)

Jakat, Lena: http://www.sueddeutsche.de/panorama/harald-lesch-ueber-higgs-boson-das-versteht-kein-mensch-1.1402850 (Stand: 26.08.2017)

Kaiser, Rayner: http://www.weltderphysik.de/gebiet/teilchen/news/2016/antiwasserstoff-ist-elektrisch-neutral/ (Stand: 30.08.2017)

Katharina: http://studienart.gko.uni-leipzig.de/weltraum/2017/06/28/gegensaetze-ziehen-sich-an/ (Stand: 20.08.2017)

Knoke, Felix: http://www.spiegel.de/wissenschaft/mensch/schwarze-loecher-in-genf-angst-vor-weltuntergang-amerikaner-klagt-gegen-teilchenbeschleuniger-a-544088.html (Stand: 19.0.2017)

Knollmann, Peter: http://clixoom.de/so-wird-antimaterie-erzeugt/6428 (Stand: 30.08.2017)

L., Dennis: https://www.forschung-und-wissen.de/nachrichten/physik/wissenschaftler-erzeugen-erstmals-einen-antimaterie-strahl-13372168 (Stand: 26.08.2017)

Leander, Lisa: http://www.weltderphysik.de/gebiet/teilchen/news/2012/higgs-daten-lassen-nicht-mehr-als-zwoelf-materieteilchen-zu/ (Stand: 26.08.2017)

Lesch, Prof. Harald: http://www.br.de/fernsehen/ard-alpha/sendungen/alpha-centauri/alpha-centauri-higgs-teilchen-2005_x100.html (Stand: 26.08.2017)

http://www.lhc-facts.ch Unterpunkte: Gefahren und Risiken, Geschichte, Beschleunigung, Experimente (Stand: 10.09.2017)

Lobo, Sascha: http://www.forschungs-blog.de/was-ist-eigentlich-das-gottesteilchen-higgs-boson/ (Stand: 18.09.2017)

Lossau, Norbert:
https://www.welt.de/print/welt_kompakt/print_wissen/article160483157/Antimaterie-ist-wie-gedacht.html (Stand: 30.08.2017)

Maettig, Peter: http://www.weltderphysik.de/gebiet/teilchen/bausteine/higgs/der-lange-weg-zum-higgs-teilchen/ (Stand: 26.08.2017)

Marquart, Sarah: http://www.trendsderzukunft.de/die-antimaterie-bombe-schreckliche-zukunftsvision-oder-illusion/2015/07/14/ (Stand: 04.09.2017)

Mueller, Andreas: http://www.grenzwissenschaft-aktuell.de/lichtspektrum-von-antimaterie20161220/ (Stand: 26.08.2017)

https://www.mpg.de/5882470/Higgs-Teilchen (Stand: 26.08.2017)

https://www.mpg.de/1331275/ATLAS_Experiment (Stand: 10.09.2017)

Oelert, Walter:
http://www.weltderphysik.de/gebiet/teilchen/antimaterie/antimaterie-im-universum/ (Stand: 20.08.2017)

http://www.physicsmasterclasses.org/exercises/bonn1/de/detektoren.htm (Stand: 10.09.2017)

Pollmann, Maike:
http://www.weltderphysik.de/gebiet/teilchen/bausteine/higgs/higgs-update/ (Stand: 26.08.2017)

http://press.cern/backgrounders/safety-lhc (Stand: 16.09.2017)

http://www.rwth-aachen.de/cms/root/Die-RWTH/Aktuell/Pressemitteilungen/Dezember/~mmxx/Fuenf-Jahre-AMS-auf-der-ISS-der-Aufbru/ (Stand: 26.08.2017)

Simantke, Elisa: http://cicero.de/wirtschaft/physik-cern-was-bedeutet-die-entdeckung-der-higgs-teilchen/49925 (Stand: 18.09.2017)

http://www.spiegel.de/wissenschaft/technik/higgs-boson-cern-gibt-entdeckung-von-teilchen-am-lhc-bekannt-a-842478.html (Stand: 19.08.2017)

Susskind, Leonard: https://www.youtube.com/watch?v=JqNg819PiZY (Stand: 19.08.2017)

http://www.trendsderzukunft.de/cern-forscher-vermessen-erstmals-das-lichtspektrum-von-antimaterie/2016/12/21/ (Stand: 04.09.2017)

https://www.verivox.de/themen/antimaterie-kraftwerk/ (Stand: 31.08.2017)

Wagner, Wolfgang: https://www.presse.uni-wuppertal.de/de/medieninformationen/2015/07/15/17422-vier-millionen-euro-fuer-wuppertaler-forschungen-am-lhc/ (Stand: 15.09.2017)

https://de.wikipedia.org/wiki/Antiwasserstoff (Stand: 30.08.2017)

https://de.wikipedia.org/wiki/Higgs-Boson (Stand: 19.08.2017)

https://de.wikipedia.org/wiki/Higgs-Mechanismus (Stand: 19.08.2017)

https://de.wikipedia.org/wiki/Large_Hadron_Collider#Kosten (Stand: 15.09.2017)

https://www.youtube.com/watch?v=328pw5Taeg0 (Stand: 10.09.2017)

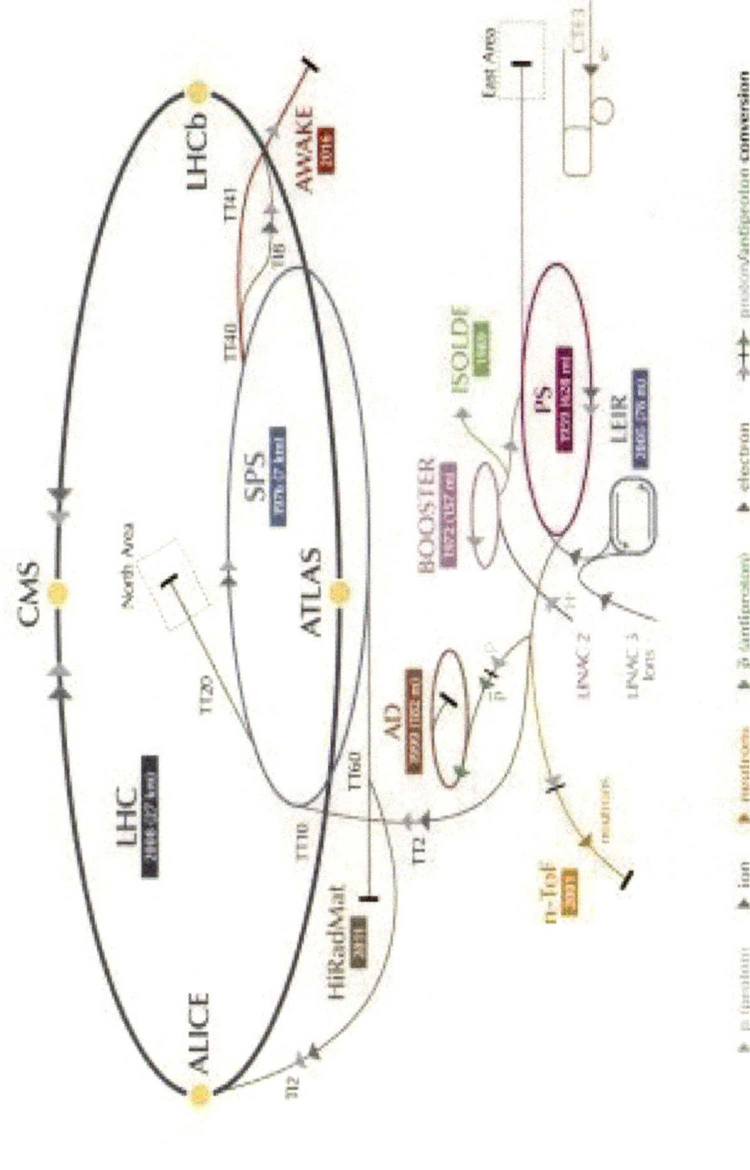

CERN's Accelerator Complex
LHC
CMS
North Area
ALICE
LHCb
AWAKE
ATLAS
SPS
HiRadMat
TI2
TI8
TI20
TT10
TT2
TT60
TT40
TT41
AD
n-ToF
ISOLDE
BOOSTER
PS
LEIR
East Area
CTF3
LINAC 2
LINAC 3
Ions
neutrons
p
p (antiproton)
neutrons
ion
electron
proton/antiproton conversion
LHC   Large Hadron Collider   SPS   Super Proton Synchrotron   PS   Proton Synchrotron
AD   Antiproton Decelerator   CTF3   Clic Test Facility   AWAKE   Advanced WAkefield Experiment   ISOLDE   Isotope Separator OnLine DEvice
LEIR   Low Energy Ion Ring   LINAC   LINear ACcelerator   n-ToF   Neutrons Time Of Flight   HiRadMat   High-Radiation to Materials

BEI GRIN MACHT SICH IHR WISSEN BEZAHLT

- Wir veröffentlichen Ihre Hausarbeit,
  Bachelor- und Masterarbeit

- Ihr eigenes eBook und Buch -
  weltweit in allen wichtigen Shops

- Verdienen Sie an jedem Verkauf

Jetzt bei www.GRIN.com hochladen
und kostenlos publizieren